NOUVELLES

# Recherches sur l'Antisepsie

## PAR L'OXYGÈNE

(Eaux oxygénées — Peroxydes — Perborates)

par le Dr M. NIGOUL

Médecin des Dispensaires des Ier et IIe Arrondissements de Paris
et des Postes et Télégraphes

CLERMONT-FERRAND
A. JOACHIM, IMPRIMEUR-ÉDITEUR
—
1911

NOUVELLES

# Recherches sur l'Antisepsie
## PAR L'OXYGÈNE

(Eaux oxygénées — Peroxydes — Perborates)

par le D<sup>r</sup> M. ÑIGOUL

Médecin des Dispensaires des I<sup>er</sup> et II<sup>e</sup> Arrondissements de Paris
et des Postes et Télégraphes

CLERMONT-FERRAND
A. JOACHIM, IMPRIMEUR-ÉDITEUR

1911

# NOUVELLES
# Recherches sur l'Antisepsie
## PAR L'OXYGÈNE

(Eaux oxygénées, Peroxydes, Perborates)

---

## CHAPITRE PREMIER

### CONSIDÉRATIONS
### SUR L'EAU OXYGÉNÉE OFFICINALE
### ET LES PEROXYDES

En présence des inconvénients et des dangers reconnus aux divers antiseptiques, l'accord est fait aujourd'hui sur la nécessité d'utiliser uniquement dans la pratique médico-chirurgicale l'antisepsie par l'oxygène.

Mais il ne suffit pas de projeter sur une plaie de l'eau oxygénée officinale pour réaliser les conditions exigées par la science, c'est-à-dire une action germicide, désodorisante et kératoplastique énergique sans aucun inconvénient.

L'eau oxygénée, elle aussi, a des dangers. Nécessairement acide (pour sa conservation), elle est caustique, impure et dangereuse pour les plaies fistuleuses et les sutures en catgut. Ses effets désorganisateurs sur les néo-cellules sont tels que, dans la pratique, on est obligé, pour les diminuer, de la diluer largement. En outre, au contact des tissus et des humeurs, elle émet immédiatement tout son oxygène et devient traumatisante. Enfin, avec le temps, elle s'altère et perd une grande partie de sa puissance antiseptique.

Il faut savoir encore que dans le peroxyde d'H officinal, on trouve souvent des substances étrangères plus ou moins dangereuses et Grimbert (1) y a décelé de l'arsenic, des chlorures et des sulfates. Il est vrai que certaines eaux oxygénées, extraites à l'éther, présentent plus de pureté et moins d'acidité, mais elles sont très concentrées, très caustiques (100 vol.) et de ce fait peu pratiques.

Le médecin ne peut donc avoir dans $H^2O^2$ un antiseptique facile à manier, d'un usage rigoureux et sûr, stable et dépourvu d'inconvénients. Aussi s'est-on occupé de perfectionner la méthode et l'on a fait appel à d'autres peroxydes en partant de cette idée que le contact des plaies ou des liquides organiques avec le peroxyde de zinc et de magnésium par exemple, amenait une transformation chimique progressive consistant dans une émission d'oxygène naissant avec mise en liberté d'oxyde. On évitait ainsi les dangers de l'eau oxygénée officinale.

Le principe de cette thérapeutique était exact, mais ces peroxydes sont *insolubles* et on ne peut les utiliser que sous leur forme pulvérisée. L'antisepsie par eux ne peut donc être vraiment réalisée dans tous les cas donnés.

∇△∇

---

(1) *Com. à la Soc. de Pharm.*, 5 avril 1905.

## CHAPITRE II

## LE PERBORATE DE SOUDE

Il existe un autre moyen d'obtenir, aussi bien pour les pansements humides que pour les pansements secs, de l'oxygène naissant : c'est l'utilisation des perborates ; et le perborate de soude offre au praticien cette supériorité clinique de produire, en se dissolvant, de l'*eau oxygénée à l'état naissant* et, en même temps, du *biborate de soude* qui vient alcaliniser, neutraliser instantanément la solution obtenue. Et, de plus, cette présence du biborate à côté de $H^2O^2$ en formation procure, en même temps, les effets médicamenteux bien connus des solutions alcalines.

On sait quelle influence favorable le borate de soude et le biborate employés à la dose de 3 %, par exemple, exercent sur les sécrétions vaginales et utérines et combien il les modifient rapidement. Il n'y a à ce sujet aucune contestation.

### Importance des injections boratées en gynécologie

Il faut insister sur ce point, car bien que la valeur antiseptique du borax soit faible, cette substance est fort utile en gynécologie.

*Les injections alcalines* liquéfient les sécrétions muqueuses, s'opposent à la fermentation toujours rapide des produits secrétés, dissolvent les amas de mucus, et ont sur les muqueuses vulvo-vaginales ulcérées tous les bons effets d'un pansement.

En outre, les solutions alcalines ont une action empêchante

sur les infections elles-mêmes. En alcalinisant le milieu vaginal, acide quand il est septique, elles s'opposent au développement de la flore microbienne pathogène.

Enfin, elles combattent les putréfactions intra-utérines, sans aucune causticité et sont décongestives.

Nous savons aussi que les lavages alcalins sont un bon traitement des aphtes, du muguet et d'un grand nombre d'ulcérations gingivales et palatines qui se développent en milieu acide ; de même contre l'acné, l'impetigo, l'eczéma, ces lotions boratées donnent de bons résultats et il n'est pas douteux que la présence de cet alcalin à côté de $H^2O^2$ *naissante* ne contribue pour une grande proportion aux résultats antiseptiques obtenus avec le perborate de soude.

Nous savons, d'autre part, en ce qui concerne $H^2O^2$, combien l'état naissant augmente sa valeur germicide et kératoplastique. Foveau de Courmelles (1), en 1899, montra « la plus grande activité thérapeutique des médicaments que l'électrolyse peut mettre à l'*état naissant* dans l'organisme ». Robin (2) est de cet avis et dit : « On sait combien l'état naissant exalte l'activité des corps et quelles intensités celle-ci peut alors atteindre ». Arnozan (3) montre que dans l'iodoforme c'est l'iode naissant qui agit. Roux et Bonjean (4) apportent des précisions et disent : « Il résulte d'expériences qu'il faut 0 gr. 291 de $H^2O^2$ par litre pour stériliser un litre d'eau de Seine, après six heures de contact, alors que 60 milligr. de $H^2O^2$ *à l'état naissant*, obtiennent ce résultat en 4 heures ».

Cette puissance du perborate de soude est démontrée encore au point de vue bactériologique par de nombreux auteurs. Kirschenski, de Pétersbourg (5), montre la destruction rapide, en 20 minutes, du bacille typhique par le perborate et celle du bacille du rhinosclérome en 10 minutes — des

---

(1) *Com. au Congrès de Boulogne.*
(2) *Bul. de l'Acad. de Méd.*, 3e série, tome 51, page 405.
(3) *Précis de Thérap.*, 2e édition, tome 1, p. 394.
(4) *Com. à l'Institut*, 2 janvier 1905.
(5) *In Thèse* de Renon, Paris 1905.

fils de soie trempés dans un liquide charbonneux, puis plongés dans une solution saturée de perborate, se montrent stériles au bout de 20 à 24 heures.

G. Lyon (1) a fait des études comparatives entre le pouvoir bactéricide des diverses $H^2O^2$ et le perborate. Il conclue en faveur de la supériorité de ce dernier. « Nous pouvons déduire d'un grand nombre d'expériences, écrit dans sa thèse inaugurale le D$^r$ Renon, que le perborate de soude possède, grâce à l'oxygène naissant qu'il dégage au contact de l'eau, des propriétés antiseptiques supérieures ».

**En résumé, puissance antiseptique élevée, alcalinité de l'eau oxygénée** et des humeurs elles-mêmes par le biborate, **absence de corps étrangers, dosage régulier,** stabilité chimique, **absence de causticité et de toxicité,** possibilité d'obtenir, quand il est besoin, de l'oxygène naissant, telles sont les supériorités du perborate de soude sur les divers peroxydes d'hydrogène.

Mais ce perborate a un défaut, il se prend facilement en grumeaux et devient alors difficilement soluble au contact des liquides des plaies. Aussi, on a dû le perfectionner et, à l'heure actuelle, le médecin possède un corps chimique à base de perborate de soude, mais préparé avec une finesse extrême, ayant une solubilité immédiate et complète, une pureté rigoureuse de ses composants. Ce corps est l'**oxygéno-borate de soude mentholé pur ou Gobérol** que nous allons maintenant étudier.

---

(1) *In Thèse* de Renon, Paris 1905.

## CHAPITRE III

## L'OXYGÉNO-BORATE DE SOUDE MENTHOLÉ PUR OU GOBÉROL

On peut donc définir le **Gobérol** un corps chimique de constitution fixe, définie, invariable, permettant de réaliser une antisepsie oxygénée sans aucun inconvénient et de puissance supérieure ; ou bien, d'une façon plus complète, un moyen scientifique de fabriquer au contact des tissus de l'eau oxygénée *à l'état naissant*, additionnée : 1° de la quantité de biborate de soude nécessaire pour neutraliser toute acidité et agir sur les sécrétions acides ; 2° d'une dose de menthol suffisante pour amener des effets analgésiques, antiprurigineux, et augmenter encore le pouvoir antiseptique total.

C'est une poudre blanche, très fine, inodore, rapidement soluble et produisant de l'oxygène et du biborate, c'est-à-dire transformant l'eau de la solution en eau oxygénée naissante et neutre.

Les avantages de ce corps sur les perborates résultent de sa solubilité immédiate et complète, de sa pureté chimique absolue et de l'addition du menthol. Il est le perfectionnement de l'antisepsie par le perborate de soude, et l'on a calculé (Roux), que sa puissance antiseptique est *cinq fois plus élevée que celle de* $H^2O^2$.

Nous avons nous-même employé cette substance dans nos services des dispensaires des $I^{er}$ et $II^e$ arrondissements de Paris et des Postes et Télégraphes et, dans tous les cas offerts à nous par le hasard de la clinique (gynécologie, stomatologie, laryngologie, otologie, dermatologie, ulcères et plaies de toute nature), nous avons ainsi réuni vingt-huit observations. Nous en citerons, ici, quelques unes *résumées*, mais assez explicites.

Et d'abord, comment faut-il l'utiliser ? En général, la dose en est la suivante : une cuillerée à soupe par litre d'eau bouillie ou une cuillerée à café par verre d'eau bouillie. Cette eau devra toujours être portée à une température de 35 à 45 degrés, ce qui facilite la production d'oxygène. Quand il s'agit de plaies infectées ou dont il faut réveiller la vitalité, on peut doubler ces doses sans inconvénients. Pour les pansements secs, il suffit de saupouder avec le Gobérol en nature les lésions, et la mutation s'opère ensuite progressivement.

Nous avons l'habitude, en outre, quand il faut utiliser un liquide très chaud, 45 ou 50 degrés, d'augmenter la quantité d'oxygéno-borate de soude. On sait, en effet, que lorsqu'on dépasse une température moyenne (40°), il se produit une légère décomposition des perborates avec déperdition d'oxygène.

# OBSERVATIONS PERSONNELLES

### OBSERVATION VII

## Angine pultacée

Jeune fille de 16 ans, amygdalite aiguë pultacée, grosses amygdales.

Gargarismes toutes les 3 heures avec la solution ordinaire de Gobérol. Au 2ᵉ jour, diminution nette de la dysphagie. Au 4ᵉ jour, disparition de toute douleurs, les dépôts pultacés n'existent plus, les amygdales ont repris leur volume normal. Aucun effet caustique à signaler.

### OBSERVATION XI

## Ulcère variqueux

Homme de 39 ans, ulcère atone à la région inféro-interne de la jambe gauche, l'ulcère est œdématié, suppurant, très douloureux, atteignant la dimension d'une pièce de 5 francs.

1° Pansements humides très chauds avec une solution forte de Gobérol (2 cuillerées à soupe par litre d'eau), les pansements sont renouvelés 2 fois par jour. Au 3ᵉ jour diminution très nette des douleurs et de l'œdème, le malade dort facilement. Au 10ᵉ jour, atténuation réelle de la purulence, l'ulcère détergé montre une surface bourgeonnante de bon aloi.

2° Pansements secs tous les deux jours avec le Gobérol pur.

L'ulcère s'est cicatrisé au bout de un mois et demi de traitement. Aucun symptôme secondaire, irritatif ou toxique.

---

OBSERVATION XV

## Ecrasement d'un doigt

Ouvrier de 19 ans, plaie par écrasement du pouce droit. Cette plaie a déjà été traitée par des compresses à $H^2 O^2$ dans divers hôpitaux, elle supure abondamment et date de 17 jours.

Pansements humides au Gobérol. Bons résultats sur la purulence qui s'atténue.

Pansements secs. Cicatrisation progressive et rapide. Guérison de la plaie après deux semaines de traitement.

---

OBSERVATION XVI

## Otite chronique suppurée

Enfant de 9 ans. Otorrhée fétide et datant de 3 mois. Traitée sans succès par des instillations de

Liqueur de Van Swieten.... } à 5 grammes.
Glycérine ................. }

et des lavages à l'eau oxygénée diluée.

Nous faisons faire deux lavages par jour avec un boc laveur et la solution ordinaire de Gobérol. Puis nous faisons insuffler dans le conduit auditif cet antiseptique en matière. Très bon résultat. D'abord diminution de la fétidité, puis atténuation de la suppuration. Au bout de 10 jours, la purulence était peu sensible et tout à fait fluide. Guérison de l'otorrhée en 3 semaines de traitement.

Dans nos autres observations qui ont trait à des cas de gingivites, abcès dentaires, plaies, lymphangites, brûlures, furoncles, phlegmons, angines, stomatites ulcéreuses, uréthrites, nous constatons des résultats satisfaisants et sans inconvénient. Dans les lavages de l'urèthre cependant, nous conseillons des doses ne dépassant pas une cuillère à soupe par litre car, plusieurs fois, avec des doses plus élevées, quelques malades ont accusé une sensation de picottement.

## CHAPITRE IV

## LE GOBÉROL EN GYNÉCOLOGIE

C'est dans le domaine de la gynécologie que l'oxygéno-borate de soude mentholé trouve ses plus précises indications.

On sait (et nous avons dans le chapitre II traité cette question), combien est importante l'injection alcaline. Elle fluidifie les sécrétions, modifie le milieu acide, empêche les fermentations, dissout les amas purulents, combat la phlegmasie. *Or, le Gobérol est l'injection alcaline type, grâce au biborate qu'il produit lors de sa décomposition dans l'eau et grâce à la neutralisation complète de $H^2O^2$ naissant.*

Utiliser ce corps chimique, cela revient donc à utiliser une injection alcaline, mais c'est aussi (il ne faut pas l'oublier), utiliser une injection antiseptique, et c'est la réunion de ces deux propriétés essentielles, primordiales en gynécologie, qui nous obligent à retenir l'attention du médecin sur la supériorité de cette substance au point de vue des maladies de la femme.

Lorsque, en effet, on étudie de près les sécrétions de l'utérus et du vagin et l'état microbien de ces cavités, on remarque deux faits : l'acidité presque constante du milieu humoral et le développement exagéré des microbes pathogènes.

Or, le Gobérol répond d'une façon remarquable à cette thérapeutique. Organe de la médication alcaline, il neutralise immédiatement cette acidité anormale, et, puissant antiseptique, cinq fois plus actif que l'eau oxygénée, il détruit la septicité.

L'oxygéno-borate de soude sera donc utilisé sans contre-indications en gynécologie aussi bien contre les infections vulvaires, vaginales et utérines que pour les troubles annexiels et paramétritiques.

Et, si maintenant nous faisons intervenir encore les effets antiseptiques et analgésiques du menthol rentrant dans la formule du Gobérol, on est en droit d'admettre des effets sédatifs sur la douleur. D'autre part, l'absence de toute causticité autorise un usage répété, et l'absence de toxicité permet de le laisser entre n'importe quelles mains et de l'employer largement dans la cavité utérine, après la délivrance du placenta, alors même qu'il existe une large porte d'absorption.

Ce corps oxygéné peut donc être préconisé comme l'antiseptique de choix en gynécologie. Il répond à toutes les indications thérapeutiques et n'a pas de contre-indications.

Les observations personnelles suivantes vont d'ailleurs démontrer cette opinion.

---

OBRERVAVION I

## Vulvo-vaginite blennorrhagique

Femme de 27 ans, atteinte de vulvo-vaginite gonococcique. Douleur intense, purulence verdâtre. Glande de Bartholin tuméfiée à gauche.

Injections 4 fois par jour et compresses à demeure avec la solution forte de Gobérol chaud (2 cuillerées à soupe par litre d'eau).

Très rapide amélioration. Diminution de la douleur. Au troisième jour, la purulence est moins abondante et plus fluide. La tuméfaction a disparu. Guérison au 10° jour sans retentissement utérin appréciable.

---

OBSERVATION V

## Métrite parenchymateuse chronique
## Pertes fétides

Femme de 49 ans. Très ancienne métrite; pertes fétides actuelles, tachant le linge en brun foncé. Pas de carcinome.

Injections deux fois par jour avec une solution chaude de

Gobérol (une cuillerée à soupe par litre). Désodorisation graduelle mais rapide de la leucorrhée fétide. Arrêt des pertes au 9° jour. Aucun effet caustique.

---

### OBSERVATION III

## Infection puerpérale

Femme de 31 ans, accouchée depuis 5 jours. Délivrance artificielle ; actuellement, température 38°4 ; il y a eu des frissons. Les lochies ont une température brunâtre et mauvaise odeur. Etat général mauvais.

Injections intra-utérines 4 fois par jour avec la solution forte de Gobérol. Au 2ᵉ jour, disparition de la mauvaise odeur des lochies ; température à 37°8. Au 4ᵉ jour, température normale et disparition complète de l'infection. Aucun phénomène secondaire.

---

### OBSERVATION VIII

## Métrite catarrhale chronique

Femme de 38 ans, atteinte de métrite depuis 5 ans. La leucorrhée est le symptôme dominant ; légère douleur aux annexes gauches. Maux de reins fréquents.

Injections très chaudes de Gobérol 2 fois par jour (solution ordinaire). Dès la première semaine, diminution de la leucorrhée ; amélioration nette au bout de 15 jours. Grâce à l'usage de cet antiseptique depuis plusieurs mois, cette malade a très peu de leucorrhée et n'a pas de douleurs lombaires, sauf aux périodes menstruelles.

---

### OBSERVATION X

## Métro-salpingite chronique

Femme de 27 ans. Ancienne blennorhagie ; actuellement, métrite chronique avec douleurs et leucorrhée. A droite, la trompe est douloureuse mais pas kystique.

Nous conseillons des injections très chaudes de Gobérol deux fois par jour, à la dose ordinaire.

Amélioration très nette en 3 semaines au point de vue de la leucorrhée. Sensibilité beaucoup moins nette au toucher de la trompe. Pas de phénomènes secondaires.

---

OBSERVATION XIV

## Métrite puerpérale

Femme de 30 ans. Depuis le dernier accouchement, il y a deux ans, douleurs lombaires et à l'hypogastre, pertes leucorrhéiques abondantes, règles irrégulières.

Injections très chaudes deux fois par jour de Gobérol. Rapides améliorations.

---

OBSERVATION XXII

## Prurit vaginal

Femme de 45 ans. Névropathe, goutteuse, prurit chronique de la vulve. Toutes sortes de traitements ont été employés : lotions cocaïnées, chloralées, phéniquées.

Nous ordonnons des injections et des compresses de Gobérol, et, à l'intérieur, la valériane et la lithine. Disparition complète du prurit en moins de 10 jours. Aucun effet secondaire.

---

OBSERVATION XXVI

## Pertes blanches vaginales

Jeune fille de 18 ans. Anémie, forte leucorrhée depuis un mois environ. Les pertes sont blanchâtres, caillebotées, peu filantes, n'empesant pas le linge.

Des injections bi-quotidiennes de Gobérol ont totalement fait disparaître cette leucorrhée en une semaine environ.

## CONCLUSIONS

Quelles sont les conclusions à tirer de cette étude générale sur l'antisepsie par le Gobérol et de cette étude spéciale de son application à la gynécologie ?

Nous allons les exposer :

Employé aux doses thérapeutiques, soit sur les pansements humides, soit pour les pansements secs, et sur l'épiderme comme sur les muqueuses, il n'offre aucun danger, aucun inconvénient toxique ou caustique. Il ne tache pas le linge, n'a pas d'odeur, n'oxyde pas les instruments, et peut donc être utilisé chez l'enfant comme chez l'adulte, *larga manu*, en toute sécurité.

Nous avons même employé cet antiseptique chez plusieurs malades (femmes nerveuses à peau sensible), ayant eu des réactions irritatives avec le sublimé, l'acide phénique, et nous n'avons observé aucune lésion inflammatoire thérapeutique. De même, chez deux malades sensibles à l'eau oxygénée (phénomènes caustiques momentanés sur la muqueuse buccale), l'*oxygéno-borate de soude* à la dose d'une cuillerée à café par verre d'eau a été bien supporté et n'a pas produit l'irritation habituelle, ni même cette coloration noirâtre de la langue amenée souvent par $H^2O^2$.

Au point de vue pratique et des effets secondaires, nous sommes donc en droit de dire que le Gobérol est nettement supérieur aux autres antiseptiques, analogues ou non. Cette supériorité est due, sans aucun doute, à sa réaction alcaline ou neutre.

Quelle est maintenant sa valeur thérapeutique ?

Nous devons lui reconnaître, par nos observations, les propriétés suivantes :

1° **Une action germicide** élevée, se manifestant par une transformation rapide de la purulence qui devient plus fluide, séreuse et diminue d'abondance ;

2° **Une action désodorisante** certaine, prouvée par la disparition presque immédiate de la fétidité tenace présentée par certaines leucorrhées (métrite des vieilles), les otorrhées, etc., fétidité ayant résisté aux autres antiseptiques et même à $H^2O^2$ ;

3° **Une action kératoplastique** prouvée par une plus rapide cicatrisation des plaies atones et ulcéreuses et en général par la guérison plus précoce de n'importe quelle perte de substance ;

4° Enfin, nous signalons *une action antiprurigineuse* très utile à connaître, parce que dans bien des cas où le médecin semble désarmé, il pourra, avec succès, avoir recours à l'oxygéno-borate de soude mentholé.

L'intensité des modifications favorables sous son influence, la rapidité des résultats, la constance des effets, doivent être mis, sans doute, sur l'*état naissant* dans lequel l'eau oxygénée est fournie aux tissus dès que le Gobérol entre en dissolution. Enfin, nous croyons devoir admettre aussi, dans bien des cas, une influence directe sur les lésions et les sécrétions de la médication alcaline biboratée.

**En gynécologie, les effets de cet antiseptique sont remarquables parce qu'il est aussi le type des injections alcalines indispensables pour obtenir une modification humorale du milieu infecté.** Il nous a paru donner les meilleurs résultats et non seulement comme traitement des affections vulvaires métritiques et annexielles, mais comme moyen prophylactique de ces infections, utilisé alors en injections journalières.

Enfin, cet antiseptique n'a aucun inconvénient, aucun danger et *la certitude qu'il donne au médecin de pouvoir réaliser en toute circonstance l'eau oxygénée à l'état naissant, sans aucune acidité*, est une supériorité pratique de grande valeur. Le Gobérol est, en un mot, de l'eau oxygénée alcaline et supérieurement active. Voilà où est le progrès.

www.ingramcontent.com/pod-product-compliance
Lightning Source LLC
Chambersburg PA
CBHW050411210326
41520CB00020B/6552